世界のカマキリ観察図鑑

海野和男［写真と文］

草思社

Contents －目次

- 4 ● わが愛しのカマキリ
- 6 ● カマキリ顔図鑑
- 8 ● カマキリの分類と生態
  カマキリの進化／
  カマキリ目の主要な科
- 9 ● 威嚇
- 10 ● 飛翔
- 11 ● 複眼と偽瞳孔
- 12 ● 擬死
- 13 ● 体色と擬態
- 14 ● 卵鞘
- 15 ● 成長
- 16 ● 捕食
- 17 ● オスとメス 大きさ・求愛・交尾・共食い
- 18 ● カマキリという名前

19 ● 日本のカマキリ

- 20 ● *Tenodera sinensis* オオカマキリ
- 36 ● *Tenodera angustipennis* チョウセンカマキリ
- 38 ● *Mantis religiosa* ウスバカマキリ
- 40 ● *Statilia maculata* コカマキリ
- 44 ● *Hierodula patellifera* ハラビロカマキリ
- 48 ● *Acromantis japonica* ヒメカマキリ
- 50 ● *Amantis nawai* ヒナカマキリ

51 ● 熱帯アジアのカマキリ

- 52 ● *Hymenopus coronatus* ハナカマキリ
- 59 ● *Parymenopus davisoni* ヒメハナカマキリ
- 60 ● *Theopropus elegans* ヒョウモンカマキリ
- 62 ● *Creobroter urbanus* トガリメニシキカマキリ
- 63 ● *Caliris elegans* シタベニアヤメカマキリ
- 64 ● *Deroplatys lobata* ヒシムネカレハカマキリ
- 66 ● *Deroplatys truncata* マルムネカレハカマキリ
- 70 ● *Deroplatys desiccata* メダマカレハカマキリ
- 72 ● *Deroplatys trigonodera* イカガタカレハカマキリ
- 73 ● *Parablepharis kuhlii* マオウカレハカマキリ
- 74 ● *Theopompa sp.* キノハダカマキリ〈キノカワカマキリ〉
- 76 ● *Ambivia popa* エダカマキリ
- 78 ● *Toxodera maculata* カレエダカマキリ
- 80 ● *Toxodera beieri* オオカレエダカマキリ
- 82 ● *Stenotoxodera porioni* ポリオニカレエダカマキリ
  Paratoxodera gigliotosi ギグリオトシカレエダカマキリ
- 83 ● *Toxodera maxima* マキシマカレエダカマキリ
  Metatoxodera subparallela サブパラレラカレエダカマキリ
- 84 ● *Toxodera integrifolia* インテグリフォリアカレエダカマキリ
- 85 ● *Toxodera fimbriata* フィムブリアタカレエダカマキリ
- 86 ● *Hestiasula phyllopus* ボクサーカマキリ
- 88 ● *Ceratocrania macra* マレーイッカクカマキリ
- 90 ● *Ceratomantis saussurii* ユニコーンマンティス
- 92 ● *Hierodula sp.* オオハラビロカマキリの仲間

94 ● *Rhombodera basalis*
マレーマルムネカマキリ

95 ● *Metallyticus splendidus*
ケンランカマキリ

96 ● *Euchomenella heteroptera*
マレークビナガカマキリ

97 ● *Odontomantis planiceps*
アリカマキリ

Leptomantella sp.
レプトマンテラカマキリの仲間

Hapalopeza sp.
ウスバネカマキリの仲間

98 ● *Camelomantis* sp.
カメロマンティスの仲間

Pachymantis bicingulata
ビシングラタパキマンティス

Creobroter sp.
メダマヒョウモンカマキリの仲間

Anaxarcha sp.
アナサルチャヒメカマキリの仲間

99 ● 中南米のカマキリ

100 ● *Acanthops falcata*
ファルカタナンベイカレハカマキリ

102 ● *Acanthops* sp.
ナンベイカレハカマキリの仲間

103 ● *Metilia brunnerii*
ナンベイキノハカマキリ

104 ● *Liturgusa* sp.
ナンベイキノカワカマキリの仲間

106 ● *Choeradodis rhombicollis*
ナンベイマルムネカマキリ

108 ● *Angela perpulchra*
ペルプルクラホソエダカマキリ

109 ● *Angela peruviana*
ペルーホソエダカマキリ

110 ● *Stagmatoptera supplicaria*
ナンベイメダマカマキリ

111 ● オーストラリア・アフリカのカマキリ

112 ● *Neomantis australis*
ゴウシュウコノハカマキリ

113 ● *Orthodera* sp.
ゴウシュウミドリカマキリの仲間

114 ● *Paraoxypilus flavifemur*
ゴウシュウキノカワカマキリ

116 ● *Popa spurca*
アフリカエダカマキリ

117 ● *Phyllocrania paradoxa*
ゴーストマンティス

118 ● *Chlidonoptera vexillum*
ヴェシルムメダマヒョウモンカマキリ

120 ● *Alalomantis muta*
ムタアラロマンティス

121 ● *Prohierodula picta*
カブキカマキリ

122 ● *Prohierodula laticollis*
アフリカマルムネカマキリ

123 ● *Plistospilota camaerunensis*
カメルーンアフリカクビナガカマキリ

124 ● *Polyspilota aeruginosa*
アエルギノサアフリカカマキリ

126 ● *Sibylla* sp.
ミコカマキリの仲間

127 ● *Omomantis sigma*
ゼブラカマキリ

128 ● *Idolomantis diabolica*
ニセハナマオウカマキリ

130 ● *Anasigerpes bifasciata*
アフリカイッカクヒメカマキリ

131 ● Index －学名索引

わが愛しのカマキリ 〜カマキリに似ている私

「海野さん、カマキリに似ていますね」とよく人に言われる。カマキリが好きだとカマキリに似てしまうのかなと思う。カマキリは肉食動物である。つかまえるのは昆虫だ。

ぼくは昆虫写真家である。いつも昆虫を探して歩いている。昆虫を"獲物"にして生きているところも同じである。狙っている"獲物"が同じだから似てくるのかもしれない。

けれど、カマキリを見ていると、自分の顔が情けなくなる。あんなに精悍な顔つきはしていない。だいたいぼくは目が小さいが、カマキリはずっと大きい。虫を探すには目が良い方がいいだろう。だから、ぼくはカマキリがうらやましい。

カマキリの形や仕草はたいへん面白い。45年前にメダマカレハカマキリを見た時、前翅の裏にある目玉模様を開いて見せて威嚇するのだろうと期待した。残念ながらそのカマキリは弱っていて威嚇姿勢を見ることはできなかった。数年後に、その素晴らしい威嚇姿勢を観察することができた。それ以来、カマキリ、特に熱帯のカマキリの虜になった。

話は違うが、カマキリはネコに似ていると思う。ぼくはネコも大好きだ。前を向いた大きな目は精悍な肉食動物の証だ。カマキリはきれい好きで、入念にカマの掃除をする様子は、ネコが毛づくろいをするのにも似ている。ネコはちょっと困ると、脚を舐めたりして気を紛らわすが、カマキリも同じことをする。

カマキリを見つけた時、相手には迷惑かもしれないが、遊んでみる。指を上に上げればカマキリも顔を上げて上を見る。あちこち指を動かして、カマキリの気を惹く。なんだか意思が通じ合っているようで楽しくなる。

頭をつつくように指を出せば、翅を開いて威嚇のポーズだ。それでも怒らなければ2本の指で、カマを軽くつまんだりする。最初は精一杯翅を広げて威嚇の姿勢をとっている。

そのうち、そろそろと翅を畳みながら、ゆっくりと移動していく。隙あらば逃げようというわけである。行く手を阻んで、ひょいと持ち上げて、元の場所に戻すと、観念したのか、カマや触覚の掃除をはじめる。どうしていいかわからない時に見せる仕草だ。

気に入った写真を撮るために、威嚇したカマキリにポーズをとってもらう。指を動かせば、カマキリを操ることができる。翅を広げたまま体を揺すって、あちらを向いたり、こちらを向いたり、カマを大きく広げたり、畳んだり、指一本でカマキリを操るのはとても楽しい。

時には反撃に遭って、指を挟まれてしまうこともある。結構痛い。こんな時、カマキリがもし巨大だったら、ちょっと怖いかもしれないと思う。何しろ相手はこちらに向かって真剣に対抗してくるのだから、食べられてしまうことだってあるかもしれない。そんなことを夢想するのもまた楽しいことである。

本書に掲載されている写真はニセハナマオウカマキリを除き、白バック写真のものも含め、すべて棲息国内で撮影したものだ。素晴らしいカマキリを高画質で撮りたいと、白バック写真は深度合成といって、すべての場所にピントが合う撮影方法をできるだけ取り入れた。

この45年間、世界中のカマキリを追い続けている。世界で2400種あまり記載されているカマキリの中で紹介できたのは、ごく一部である。最近はカマキリの飼育もさかんで、見たこともない種類が多く飼育されていて、本書に登場した種以外に素晴らしいカマキリがたくさんいることがわかる。カマキリに出会う旅はまだまだ続く。この本は、長年撮り集めたぼくの大好きなカマキリへのラブレターでもある。

カマキリ顔図鑑

顔は基本的に逆三角形だ。大きな2個の複眼が前を向いている。両目に映る獲物の視差を通じて、立体視し、正確に距離を測って獲物を捕らえる。両目の間隔は、カマの長さと比例している。カマが届く範囲を正確に把握するためである。

- オオカマキリ（→P.20）
- チョウセンカマキリ（→P.36）
- ハナカマキリ（→P.52）
- ヒョウモンカマキリ（→P.60） 
- ウスバカマキリ（→P.38）
- ヒシムネカレハカマキリ（→P.64） 
- トガリメニシキカマキリ（→P.62）
- コカマキリ（→P.40）
- ハラビロカマキリ（→P.44） 
- キノハダカマキリ（→P.74）  
- マオウカレハカマキリ（→P.73）
- ヒメカマキリ（→P.48）
- ヒナカマキリ（→P.50） 
- エダカマキリ（→P.76）  
- オオカレエダカマキリ（→P.80）

ボクサーカマキリ (→P.86)

ナンベイカレハカマキリの仲間 (→P.102)

ナンベイキノカワカマキリの仲間 (→P.104)

ユニコーンマンティス (→P.90)

マレーイッカクカマキリ (→P.88)

ナンベイマルムネカマキリ (→P.106)

ケンランカマキリ (→P.95)

マレークビナガカマキリ (→P.96)

ペルブルクラホソエダカマキリ (→P.108)

ナンベイホソエダカマキリの仲間 (→P.109)

ゴウシュウミドリカマキリの仲間 (→P.113)

ヴェシルムメダマヒョウモンカマキリ (→P.118)

アフリカエダカマキリ (→P.116)

ゴースト・マンティス (→P.117)

ミコカマキリの仲間 (→P.126)

ニセハナマオウカマキリ (→P.128)

カマキリの分類と生態　−日本には種類が少ない

　カマキリ目の昆虫は、日本には外来種をのぞくと10種ほどが分布する。熱帯地方を中心に、世界ではおよそ15科、2400種が記載されている。主に昆虫を捕らえて食べる、完全な肉食昆虫である。前脚はカマの形に変化し、獲物を捕らえるのに使う。従って脚は4本しかないように見える。長い前胸の先にある三角形をした頭部はよく動き、獲物を直視し、正確に距離を測ってカマを振り出す。不完全変態で成長し、生まれてすぐから、自分で獲物を捕らえる。分類学的には直翅目やナナフシ目などに近縁で、ゴキブリ目にもっとも近い。日本にはカマキリ科とハナカマキリ科のカマキリが分布している。

カマキリの進化　−大昔に完成された姿

　肉食の昆虫は基本的に起源が古い。カマキリも大昔から地球上に生息している昆虫だ。3億年以上昔の石炭紀に大型のプロトファスマと呼ばれるカマキリとゴキブリの共通の祖先がいた。1億年ぐらい前の琥珀からマニプラトールと呼ばれるカマキリそっくりなゴキブリも発見されている。久慈琥珀（岩手県久慈市で発見された琥珀）からは、8700万年前のカマキリも見つかっているから、カマキリは中生代に出現したのだろう。恐竜が滅んだ5000万年ぐらい前からは餌となる昆虫類も増え、カマキリにとっては、生活のしやすい環境が出現したが、爆発的な進化もしなかった。それはカマキリが完成された形態と習性を持ち、長い歴史の中で、姿を変えることなく生き続けることができたからであろう。

　3000万年前のドミニカ産の琥珀中に閉じ込められた生まれたばかりのカマキリは、現生のカマキリと何ら変わらず、今にも動き出しそうである。（右写真）

カマキリ目の主要な科

Acanthopidae　ナンベイカレハカマキリ科
Amorphoscelidae　ムカシキノカワカマキリ科
Chaeteessidae　カマキラズ科
Empusidae　ヨウカイカマキリ科
Eremiaphilidae　サバクカマキリ科
Hymenopodidae　ハナカマキリ科
Iridopterygidae　ウスバネカマキリ科
Liturgusidae　キノハダカマキリ科
Mantidae　カマキリ科
Metallyticidae　ケンランカマキリ科
Sibyllidae　ミコカマキリ科
Tarachodidae　アヤメカマキリ科
Toxoderidae　カレエダカマキリ科
（和名は便宜的に付けたもの。本書では11科のカマキリを紹介）

◀▲琥珀の中のカマキリ

威嚇 —触ると怒るのが楽しい

　カマキリを見つけたら触ってみる。これがぼくの基本スタンス。多くのカマキリが触ると翅を開いて体を大きく見せて威嚇する。これが楽しくてカマキリ探しをするといっても過言ではない。特に熱帯地方の大型のカマキリは、威嚇行動が顕著で、いったん怒ると、10分ぐらいも延々と体を左右に揺すったり、カマを上げたり下げたりとユーモラスな行動をとる。こうした行動をとるカマキリは普段は見えない前翅の裏や後翅に、よく目立つ模様がある種類が多い。目玉模様やさざ波模様などを見せつけながら尻を曲げて、まるでダンスをしているかのように体を揺する。

翅を広げて威嚇するオオカマキリ。

前翅の裏に目玉模様があるメダマカレハカマキリ。

後翅の美しい模様を見せるシタベニアヤメカマキリ。

飛翔　－オスはよく飛ぶ

　翅が退化して飛べないカマキリもいるが、多くのカマキリは大きな翅を持ち、空を飛ぶ。メスは産卵のため体が重く、あまり活発には飛翔しないが、オスは昼夜を問わずよく飛び、灯りに飛んでくることもある。カマキリ類は、後ろ脚で蹴ると同時に翅を開いて空中に舞い上がる。カマを前にのばし、脚を広げて飛翔する。前翅はほとんど動かさずに、後翅を羽ばたいて飛ぶのが特徴だ。これはキリギリス類と同様で、飛び方を見ても直翅目の昆虫に近いことがわかる。小型のカマキリほどよく飛び、特に30mm以下の小型種は、写真を撮ろうとして、逃げられてしまうことも多い。

体の小さいコカマキリはオスもメスもよく飛ぶ。

オオカマキリはメスはあまり飛ばないが、オスはよく飛ぶ。

ウスバカマキリもとてもよく飛ぶ。

複眼と偽瞳孔 −よく動いて表情豊か

　大きな2個の複眼を持つカマキリの顔は上下左右によく動く。これがカマキリが他の昆虫よりも表情豊かに見える理由だ。複眼に偽瞳孔と呼ばれる黒い点があるのもカマキリの表情を豊かにしている。こちらが動くとその点も動く。カマキリが顔の向きを変えても、その黒い点はいつもこちらを向いている。これがカマキリの可愛らしさの秘密だ。カマキリに気づかれないように、横からそっと見ると、偽瞳孔は横に移動している。偽瞳孔はカマキリが自分で動かすのではなくて、人が見ている方向に現れる。ということは、その黒い点は球形の眼の中心に近いところにあるのではないだろうか。おそらく、眼の中心の視細胞が光を吸収していて、どこから見ても、その部分が見える構造になっているのではないかなと思う。

複眼の間には3個の単眼があり、明るさなどを感じる。オオカマキリ。

偽瞳孔はカメラの方向に現れる。オオカマキリ。

擬死 －必死に生きている証

　かくれんぼ上手のカマキリはほぼ例外なく、危険が迫ると死んだふりをする。オオカマキリなどの普通のカマキリやよく飛ぶ種類はあまり死んだふりをしない。葉っぱや枝に擬態しているカマキリは、敵に見つかりにくいのだが、見つかった時には翅を広げて威嚇してみる、それでもだめなら死んだふりをしてしまうのである。そんなカマキリの"生き様"に、えらく感激してしまう。彼らが必死に生きている証でもある。マレーイッカクカマキリなど、いったん死んだふりをしたら30分ぐらいもそのままで、本当に死んでしまったかと思った。アリに引っ張られそうになって、ようやく目をさましたのにはびっくりした。

マレーイッカクカマキリの擬死。

活発に木の幹を這い回るキノハダカマキリも死んだふりをする。

ボクサーカマキリの擬死。

体色と擬態 －ハナカマキリの色彩に驚く

　カマキリの仲間は基本的に緑色の型と茶色の型があるものが多い。獲物を待ち伏せる習性があるカマキリは、捕食者に見つかりにくい色彩や形態をしている。擬態の名手も多く、カレハカマキリ類は緑色の型はないが、同じ茶色系統でも黄色っぽいものから灰色がかったもの、濃い褐色のものなどさまざまな型がいる。木の幹を走り回ってアリを食べるキノハダカマキリなどは、動かなければなかなか存在がわからないほどだ。白やピンクのハナカマキリには驚かされる。花に似せて、敵に見つかりにくいようにするだけでなく、獲物をおびき寄せることもできる。ハナカマキリの初齢幼虫は赤と黒の目立つ色彩で、サシガメの幼虫に擬態している。

サシガメの幼虫

サシガメの幼虫に擬態するハナカマキリの初齢幼虫。

木の幹に溶け込む色と模様のキノハダカマキリ。

オオカマキリの緑色型（上）と褐色型（下）。

色、形ともに枯葉にそっくりなヒシムネカレハカマキリ。

卵鞘 －どのカマキリのものか大体わかる

　カマキリの卵は卵鞘（卵嚢）に入っている。卵鞘はスポンジ状で、卵を乾燥や低温から守る役割をする。種類によって卵鞘の形は異なるので、卵鞘を見ただけでどのカマキリの卵鞘なのかが、大体わかる。オオカマキリやチョウセンカマキリの卵鞘は柔らかく、ハラビロカマキリやコカマキリの卵鞘は固い。日本のカマキリでは、オオカマキリの卵鞘は大きく、中には長さ5mmぐらいの卵が200個以上はいっている。体の大きなカマキリは大きな卵鞘を産み、卵の数も多い。卵の数は種類により、また同じ種でも卵の大きさにより異なる。

オオカマキリの卵鞘。

チョウセンカマキリの卵鞘。

ハラビロカマキリの卵鞘。

コカマキリの卵鞘。

成長 —5〜10回も脱皮して成虫に

オオカマキリは5月に卵鞘から一斉に幼虫が孵化する。どの種類のカマキリも前幼虫と呼ばれる、袋に入った幼虫が卵から体をくねらせて誕生する。前幼虫は、その場ですぐに1回目の脱皮をして、カマキリらしい体つきになる。その後は脱皮を繰り返し成長していく。カマキリの脱皮回数は種によっても異なり、また餌の状態によっても変わってくる。5回から10回ぐらい脱皮して成虫になるものが多い。通常、体の大きいメスの脱皮回数はオスより1〜2回多い種類もいる。幼虫は大きくなると、翅芽と呼ばれる小さな翅が目立つようになり、羽化直前には翅芽が盛り上がってくる。

オオカマキリの孵化。

翅芽

オオカマキリの終齢幼虫。
翅芽（小さな翅）が目立つようになる。

ハナカマキリが最後の脱皮をして成虫になる様子。

捕食　－生まれながらのハンター

　すべてのカマキリは生まれながらのハンターである。生まれてすぐはアブラムシのような小さな昆虫、成長するに従って大きな昆虫を狩る。他の虫が現れそうな場所に潜んで、獲物が現れるのを待つ。多くのカマキリは昆虫が来る花に潜んで獲物を待つことが多い。いったん獲物を捕らえると、その場所に長く留まる習性がある。街灯など、夜に昆虫がやってくる場所も上手に見つける。ぼくの小諸のアトリエでは、いつも同じカマキリが獲物を狙って待ち伏せしている。カマキリは灯りに集まる習性があり、その結果、獲物を捕らえる場所を覚えたのであろう。カマキリの中には、地面や木の幹のみに生息し、歩き回って獲物を探すものもいる。

キチョウを捕らえたヒメハナカマキリ。

オオカマキリがフキバッタを捕らえて食べている。

ミツバチを捕らえたアフリカのカマキリ。

ハナカマキリがオナシアゲハを捕らえた瞬間。

オスとメス 大きさ・求愛・交尾・共食い
－命がけの交尾

　カマキリの仲間はたいてい、オスとメスの大きさが異なる。ハナカマキリのようにオスはメスの半分以下の大きさといった極端な例もある。オスにとって交尾は命がけである。へたをすると獲物に間違われてメスに食べられてしまうことになる。うまく交尾に成功してもメスがオスを食べてしまうこともある。ハラビロカマキリでは特に多く起こるのだと言われる。その場合も食べられながらもオスは交尾を続ける。確実に子孫を残すためには、死もいとわないのである。オオカマキリやコカマキリは相手を確認しやすい開けた場所で結婚相手を探すことも多い。ハナカマキリのようにメスが交尾したい時にフェロモンを出すものもいる。オスがメスのところに飛んでくる。

●カマキリのオスとメスの見分け方

オス・メスが姿や大きさがあまり変わらないカマキリの場合、正確に判断するには腹部の先端を見る。

オスはたてに筋がない。
尾毛の他に1対の尾突起がある。

メスはたてに筋がある
（卵を産みだす場所）。

ハナカマキリのオスはメスの背中をたたき、なだめて交尾しようとする。

食べられないで交尾に成功したハラビロカマキリ。

カマキリという名前　−シルエットが妖怪のよう

　紅葉した葉の上にコカマキリがいて、下からその影を見た時に格好がいいなと思った。シルエットで見ると影絵芝居みたいで面白い。満月を背景にシルエットでカマキリを撮ったら、なんだか妖怪みたいで面白かった。

　カマキリという名はカマを持ったキリギリスという意味だろう。カマキリとは類縁はやや遠いが、見かけはキリギリスの仲間に似ている。キリギリスの仲間にはヤブキリ、クサキリなど"キリ"がついた名がよく使われている。

　日本の地方の俗称で「拝み虫」と呼ばれることもあるが、カマキリが対のカマを重ね合わせて、前に突きだしている様子はお祈りをしているように見えるからであるという。西洋でも"Praying mantis"と呼ぶ。"pray"とはお祈りをするという意味だ。

　カマキリを漢字で書くと蟷螂。「蟷螂（とうろう）の斧」ということわざがある。身の程知らずといった意味だが、カマキリが人間相手でもカマを振り上げて威嚇してくる様子をよく表している。実際大きなトカゲや鳥にはこの姿勢で立ち向かっても食べられてしまうことが多い。けれど、身の程を知らずして、果敢に立ち向かうカマキリの姿がぼくは大好きで、彼らも一生懸命生きているんだなと感激するのである。

紅葉した葉の上にとまるコカマキリ。

まるで影絵のようなシルエットのオオカマキリ。

満月に浮かぶオオカマキリのシルエット。

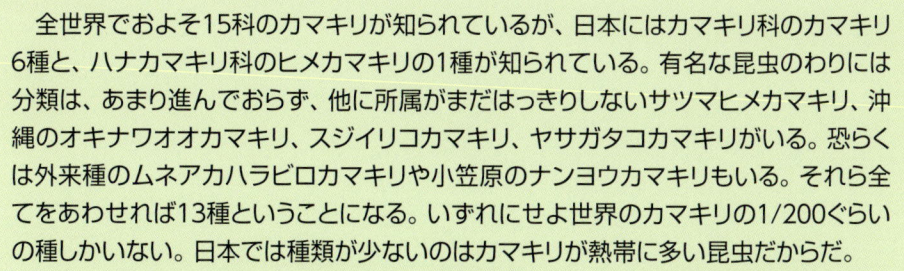

全世界でおよそ15科のカマキリが知られているが、日本にはカマキリ科のカマキリ6種と、ハナカマキリ科のヒメカマキリの1種が知られている。有名な昆虫のわりには分類は、あまり進んでおらず、他に所属がまだはっきりしないサツマヒメカマキリ、沖縄のオキナワオオカマキリ、スジイリコカマキリ、ヤサガタコカマキリがいる。恐らくは外来種のムネアカハラビロカマキリや小笠原のナンヨウカマキリもいる。それら全てをあわせれば13種ということになる。いずれにせよ世界のカマキリの1/200ぐらいの種しかいない。日本では種類が少ないのはカマキリが熱帯に多い昆虫だからだ。

　カマキリは卵鞘（卵嚢）を産むので、外来種のカマキリは荷物などに卵鞘がついて、日本に入りやすいと思う。熱帯のカマキリの卵鞘の多くは、冬の寒さに耐えられないが、温帯のカマキリは、野外で増える可能性もある。そして多くの外来種が、人為的に飼育・繁殖されているのも気がかりではある。在来種の生態系を脅かすこともあるので、逃がさないように注意しなければならない。

日本のカマキリ

Tenodera sinensis

オオカマキリ　【カマキリ科】

日本を代表するカマキリ

　チョウセンカマキリとともに日本を代表する大型のカマキリ。ぼくにとってカマキリと言えば、まずはオオカマキリだ。林の周辺に多いので、ぼくのアトリエのある小諸ではもっとも多く見かけるカマキリだ。長野県など、寒冷地のものは暖地のものと比べると小型だ。房総などで見るメスは100mmを超え、びっくりする。緑色型と、前翅の縁を除いて褐色型があるが、オスは概ね褐色型で、緑色型はごくまれにしか現れないようだ。

DATA
- 体長：オス68〜92mm、メス77〜105mm
- 分布：北海道、本州、四国、九州、対馬、台湾、中国
- 成虫発現期：8〜11月

Tenodera sinensis（オオカマキリ） 21

飛び立ったオオカマキリの連続写真（コマ間隔はおよそ1/60秒）。

オオカマキリの飛翔

目標を定めてから飛んでいく

　オオカマキリはオスもメスも体長はそれほど差がないが、メスはがっしりとした体つきで、卵を産むために腹部は太く、堂々とした体格だ。そのため、成虫になってしばらくすると、メスはほとんど飛ばなくなる、というか、太りすぎて飛べなくなる。オスは体が細く華奢で、よく飛ぶ。飛び立つ時には前翅も大きく羽ばたくが、飛び上がった後は、前翅はあまり羽ばたかずに後翅を羽ばたいてぱたぱたと飛ぶ。旋回もできるが、空中で向きを変えることはあまりせず、最初に、どこへ飛んでいくかを考えて、目標を定めて飛び立つ。飛翔中は脚を大きく開き、カマを前につきだして飛ぶ。あまり高くは飛ばず、せいぜい5mぐらいの高さの木に飛び上がるぐらいだ。

草原に向かって飛び立った。

Tenodera sinensis（オオカマキリ）

Tenodera sinensis（オオカマキリ）　23

オオカマキリの緑色型と褐色型
りょくしょくがた　かっしょくがた

オスは褐色型が多い

　オオカマキリのメスは前翅や頭部、前胸、腹部の裏側が緑色の緑色型と、前翅の縁の部分が緑色で他は茶色くなる褐色型がある。オスは圧倒的に褐色型が多く、緑色型はきわめて稀らしい。体色は遺伝によって決まるようで、褐色型の幼虫は褐色型の成虫になる。けれども緑色型の幼虫は、時に褐色型の成虫になることもあるという。もっとも生まれた直後の幼虫は2齢までは、皆薄い褐色で、3齢になると緑色型と褐色型に分かれてくる。緑色型のメスは、年をとると翅が薄汚れてきて、褐色のシミができるが、褐色型に姿を変えることはない。

ハギの花の近くで獲物を待つ緑色型のメス。

オスは体も細く、顔もメスより三角形だ。

褐色型は枯葉の近くにいれば目立たないが、
特に場所を選ぶわけではない。褐色型は顔も茶色い。

褐色型の終齢幼虫。

Tenodera sinensis（オオカマキリ） 25

オオカマキリの複眼
よく見える大きな目玉

　オオカマキリはよく見える大きな複眼を持っている。獲物までの距離を正確に計るために、立体視のできる大きな複眼が前を向いていることは非常に重要だ。2個の複眼の間には3個の単眼がある、単眼は明るさなど、周囲の状況を知るのに使われる。単眼から明るさの情報を得て、カマキリの複眼の色は変わる。暗い場所では、網膜色素細胞が、眼の表面に集まり、複眼全体が黒くなる。夜も活動することから、網膜色素細胞が移動して、複眼が黒くなることで、光が受容体まで効率よく届くことになるのだと思われる。また、複眼の中に見える小さな黒点は偽瞳孔と呼ばれる偽の瞳孔だ。

Tenodera sinensis（オオカマキリ）

オオカマキリの捕食

花の上で待ち伏せ

　オオカマキリが獲物を待ち伏せするのは花の近くが多い。花に虫が多く集まるのを経験的に知っているのだと思う。動く昆虫に反応し、近くにいてもまったく動かない虫には興味を示さない。花の上では、虫が活発に飛んでくるのでカマキリも大忙しで顔を動かしている。草むらでバッタを狙った方が、効率よく大きな獲物をつかまえられると思うのだが。

Tenodera sinensis（オオカマキリ）

卵から糸にぶら下がるようにして出てきた前幼虫は、
その場で脱皮して1齢幼虫になる。

オオカマキリの羽化と成長

8月には成虫に

　オオカマキリの孵化は5月に入ってからのことが多く、意外に遅い。幼虫は糸を引いて卵鞘からぶら下がるようにして、次々と出て来る。その場で薄い皮を脱ぎ、1齢幼虫になる。野外でカマキリの幼虫が目立つようになるのは6月に入ってからだ。幼虫は脱皮を繰り返し成虫になる。7月いっぱいは幼虫が多く、8月に入ると成虫が増えてくる。孵化から成虫までは、およそ3ヶ月かかることになる。多くの場合8回（前幼虫からの脱皮も含め）脱皮して成虫になるが、餌の具合によって、幼虫期が延びることもあるらしい。

オオカマキリの緑色型の幼虫。

羽化は夜に行われることが多い。夕方からぶら下がって動かなくなる。深夜に頭の後ろが割れて、成虫の誕生だ。細い触角がするっと抜ける瞬間は感動的だ。

メスを見つけたオスは慎重ににじり寄るように近づくが、最後は勇気を振り絞って一気に背中に乗る。

メスの背中に飛び乗った瞬間のオス。この後、カマでメスの首の後ろをつかまえる。

Tenodera sinensis（オオカマキリ）

オオカマキリの求愛〜交尾

メスがオスを食う

　交尾は成虫になったオスの使命である。そして最も危険な時間でもある。メスに飛び乗ってしっかりつかまえたと思った瞬間に、メスが振り向き、カマでオスの動きを封じ、頭からボリボリと食べてしまうことがある。それでもオスは必死になって腹部を伸ばし、メスの腹端を捕らえようとする。たいていは無駄に食べられてしまうようなことはなく、食べられながらも、その使命を果たす。まるで腹部だけが異質の生物のように動く様は性の神秘さえ感じさせる。

大きなどう猛そうなメスの口。

頭部を食べられながらも必死で交尾を続けるオス。
一説によれば食べられてしまった方が受精の確率は高いとか……。

Tenodera sinensis（オオカマキリ）

オオカマキリの体の掃除

武士が入念に武器を研ぐように

　カマキリはよく体の掃除をする。特にカマの掃除は怠らない。獲物を捕らえた後は獲物がチョウなら鱗粉が付いたり、バッタなら体液でカマが汚れる。次の狩りに備えて、武士は入念に武器を磨く。しかし、カメラを向けた時、体が汚れているわけではないのに、カマの先の部分を特に入念に掃除をしだすことがある。これはどちらかというと、"ちょっと困ったな"という時に行う転位行動である。

チョウの鱗粉を入念に掃除する。

写真を撮られて困って、
カマの先を舐めている転位行動。

Tenodera sinensis（オオカマキリ）

スポンジ状の卵鞘を作りながら産卵する。完成まで数時間かかる。

オオカマキリの産卵

泡立てた粘液の中に卵を産み付ける

　交尾を終えたメスは。木の枝などに頭を下にして、ぶら下がるようにとまり、卵を産む。卵鞘を付ける枝を腹部でこすりながら粘液を出し、腹部を動かして泡立てるようにする。泡の固まりが少しできると、泡の中に卵を並べるように産み付けていく。卵を産む、泡を立てるの繰り返しで、大きな卵鞘ができる。中には200個以上の卵が産み付けられている。できたばかりの卵鞘は白っぽい。メスは餌が豊富なら何回も卵鞘を産むことができる。

オオカマキリとチョウセンカマキリの見分け方

　オオカマキリとチョウセンカマキリはよく似ている。いずれもオスは細身で、メスは太っている。両者ともに緑色型と褐色型があるところも同じだ。基本的な生活様式は同じだが、住んでいる場所は微妙に異なる。オオカマキリは林の近くの草地に多く、チョウセンカマキリは開けた草原に多い。例えば河原や海に近い草原、田んぼや畑ではチョウセンカマキリが多く、郊外の雑木林周辺ではオオカマキリが多い。オオカマキリの方ががっしりとした体つきで、体長も大きい。首（胸）の長さはチョウセンカマキリの方が長い。胸の内側の黄色い模様と、後翅の色で明確に判別できる。

オオカマキリ　メス

34　*Tenodera sinensis*（オオカマキリ）

Check1 ● 大きさ
個体差はあるがオオカマキリの方ががっしりとした体格で体長も一回り大きい。

Check2 ● カマの付け根
胸にある黄色っぽい模様はオオカマキリがくすんだ黄色で、チョウセンカマキリは明るいオレンジ色。

Check3 ● 後翅の色
怒らせてみるとオオカマキリとチョウセンカマキリの区別は瞬時にできる。後翅の下半分が紫色っぽい褐色なのがオオカマキリ。チョウセンカマキリは色が薄い。

Check4 ● 卵鞘
卵鞘の形はずいぶん違う。オオカマキリの卵鞘が丸っこいのに対し、チョウセンカマキリのものは細長い。

チョウセンカマキリ　メス

Tenodera angustipennis (チョウセンカマキリ)

Tenodera angustipennis
チョウセンカマキリ 【カマキリ科】

オレンジ色の紋が特徴的

　明るい草地に住むチョウセンカマキリ（単にカマキリとも呼ばれる）。オオカマキリと並んで、よく見られる人気者だ。胸のオレンジ色の紋を誇らしげに見せて威嚇する様は、子供時代にカマキリと遊んだ記憶をよみがえらせる。

DATA
- 体長：オス65〜80mm、メス70〜90mm
- 分布：北海道南西部以南
- 成虫発現期：8〜11月

イナゴを捕らえたチョウセンカマキリ。

Tenodera angustipennis（チョウセンカマキリ）

Mantis religiosa

ウスバカマキリ 【カマキリ科】

河原で見られる美しいカマキリ

　ウスバカマキリは旧世界（アフリカからアジア）に広く分布するカマキリだが、何故か日本では局所的に主に河原で見られる小型のカマキリである。フランスでは"アルマス"と呼ばれる乾燥した荒れ地に多い。日本ではそんな環境があるのは、一部の河原ぐらいなのかもしれない。黄緑色のたいへん美しいカマキリだと思う。種名のウスバとは薄い翅の意味だろう。非常によく飛翔する。飛ぶと、太陽の光を受けて、翅が白っぽくきらきらと輝き美しい。

DATA
- 体長：オス50〜66mm、メス59〜66mm
- 分布：北海道南西部以南、世界各地
- 成虫発現期：8〜11月

ウスバカマキリの飛翔。とてもよく飛ぶ。

ウスバカマキリのカマの付け根には黒い模様がある。

ショウリョウバッタモドキを食べている。

Mantis religiosa（ウスバカマキリ）

Statilia maculata

コカマキリ 【カマキリ科】

臆病であまり怒ってくれない

　細身の小さなカマキリで、褐色型と緑色型がある。ぼくのフィールドの小諸で見かけるのはすべて褐色型で、九州など、暖かな地域では緑色型も見られるようだ。カマの内側にクリーム色の目玉模様があり、怒ってカマを振り上げると、よく目立つ。昔に見たコカマキリの威嚇の写真にいたく感激し、そんな写真を撮りたいのだが、どういうわけか、長野県のものは臆病で、なかなかうまい具合に怒ってくれない。秋に、見通しのよい道路に出て日向ぼっこをしたり、結婚相手を探したりするのだが、交通事故に遭ってしまうものもいる。

卵鞘は幹の根元や石の下など、地表に近いところに産み付けられる。

DATA
- 体長：オス36〜55mm、メス46〜63mm
- 分布：本州、四国、九州、対馬、台湾
- 成虫発現期：8〜11月

ちょっとだけ怒ってくれたコカマキリ。

Statilia maculata（コカマキリ）41

コカマキリが地面を蹴り上げて飛び上がる姿は、とても格好いい。

42　*Statilia maculata*（コカマキリ）

翅を広げて茂みに向かって飛んでいく。

Statilia maculata（コカマキリ）

Hierodula patellifera

ハラビロカマキリ 【カマキリ科】

関西では最も身近かもしれない

　丸っこく可愛らしいカマキリで、オオカマキリより顔つきもひょうきんだ。林の中より、人家近くの木のある場所に多く、公園や街路樹、植え込みでよく見かける。オスはよく飛ぶがメスはほとんど飛ばない。関東地方以西に住む人たちにとっては最も身近なカマキリかもしれない。暖かな気候を好むカマキリで、ぼくのフィールドの長野県東部には前はいなかったが、最近は時々見かけるようになった。温暖化の影響だろうか。緑色型と褐色型があるが、本州では褐色型は少ない。

卵鞘はオオカマキリと比べ硬い。

DATA
- 体長：オス45〜65mm、メス52〜71mm
- 分布：関東以南、東南アジア
- 成虫発現期：8〜11月

Hierodula patellifera (ハラビロカマキリ)

柿の木にいたハラビロカマキリ。

46　*Hierodula patellifera*（ハラビロカマキリ）

ハラビロカマキリの幼虫。緑色型と褐色型がある。緑色型は緑の成虫になり、褐色型は茶色の成虫になる。

海岸で何を考えているのやら。

Hierodula patellifera（ハラビロカマキリ） 47

Acromantis japonica

ヒメカマキリ 【ハナカマキリ科】

主に樹木に生息する

　比較的暖かい地方に多い小型のカマキリで、主に樹木に生息している。オスメスともに活発に飛翔し、灯りに飛んでくることもある。翅の縁が緑色の型と、全体が褐色の型がいる。本州では成虫が出現するのは秋になってからで、初冬まで生きている。長生きなカマキリで、越年することもある。

朽ち木に産み付けられたヒメカマキリの卵鞘。

DATA
- 体長：オス25〜33mm、メス25〜36mm
- 分布：本州、四国、九州、対馬、屋久島、奄美大島
- 成虫発現期：9〜12月

ヒメカマキリは驚くと死んだふりをよくする。

Acromantis japonica（ヒメカマキリ） 49

Amantis nawai

ヒナカマキリ 【カマキリ科】

日本で一番小さなカマキリ

　ヒナカマキリは日本で一番小さなカマキリだ。翅がきわめて小さく、成虫になっても無翅のように見える。非常に敏捷に歩行する。関東地方あたりが北限のようで、寒冷地にはいない。暖かい地方の、主に照葉樹林の林床に生息している。体のわりに頭が大きく、眼がよく見えるようだ。林床を歩き回って餌の昆虫を探すというから、眼が大きいことは重要であろう。

林床を敏捷に走り回る。

DATA
- 体長：オス12〜15mm、メス13〜18mm
- 分布：本州以南、台湾
- 成虫出現期：8〜11月

熱帯アジアはカマキリの宝庫である。マレー半島、スマトラ、ジャワ、ボルネオは数万年前までスンダランドと呼ばれる大きな陸地で、陸続きであったことから、ほぼ共通した種類が見られる。スンダランドのカマキリのうち、一部はタイやベトナムといったインドシナ半島に分布を広げている。ぼくが最も多く訪れたのはマレーシアで、1969年から100回以上訪れている。従って今回の本でも、熱帯アジア、特にマレーシアのカマキリが多くなってしまった。25年ほど前に、ペナンバタフライファーム※にカマキリの若齢幼虫の飼育法を伝え、飼育を勧めたことがある。ペナンバタフライファームでは今では、たくさんのカマキリが常時飼育されている。

※ペナンバタフライファーム（Penang Batterfly Farm）
　マレーシア ペナン島にある、熱帯のチョウをはじめとする昆虫、植物、爬虫類などの飼育・展示施設。

熱帯アジアのカマキリ

Hymenopus coronatus

ハナカマキリ（熱帯アジア）【ハナカマキリ科】

チョウやハチにとっては怪物か…

　見かけは可愛らしいけれど、花に似せて獲物をおびき寄せ食べてしまう恐ろしいカマキリ。おいしい花の蜜を吸うつもりでやってきたら、逆に食べられてしまうのだから。チョウやハチにとっては怪物以外の何物でもない。2齢幼虫になると花に似てくるが、一番花に似ているのは4齢から終齢までの幼虫で、腹部を曲げて葉の上にとまっている。中脚と後ろ脚の突起を含めて、5弁の花びらを持つ花に似ているように見える。

成虫はそれほど花に似ていないが、白い花に隠れていれば目立たない。

2齢幼虫になると花に似てきて、ちょっと生意気な感じになる。

Hymenopus coronatus（ハナカマキリ）

ハナカマキリの擬態(ぎたい)

5枚の花びらを持つ花

　ハナカマキリの幼虫は緑の葉の上にいることが多い。それでも十分花に見えるようで、獲物の昆虫たちは自分から犠牲になりに来る。ランカマキリと呼ばれることがあり、実際ラン園で見つかったこともあるが、通常はランの花にいるわけではない。虫がよく来るパパイア、ノボタンなど、白やピンクの花にいることが多いという。虫をおびき寄せると同時に、捕食者からも見つかりにくい。トウヨウミツバチのフェロモンを出してミツバチを捕食するという最近の研究がある。

　花は受粉してもらうために虫を呼ぶ。ハチやチョウは人間の見えない紫外線を見ることができる。蜜のある部分は通常紫外線を吸収している。紫外線カメラで写してみると、ハナカマキリも顔の部分と花びらに見える部分が紫外線を吸収し、蜜マークで、昆虫を誘引しているようにも見える。

餌を待つ姿勢。尻を曲げると小さな白い花のように見える。

白い胡蝶蘭の上に置いてみた。

Hymenopus coronatus（ハナカマキリ）

飼育しているハナカマキリの幼虫を、白い花にとめてみた。さて何匹いるかわかるだろうか（正解はp132）。

Hymenopus coronatus（ハナカマキリ）

ハナカマキリの捕食

本物の花よりも惹かれてしまう

　ハナカマキリの顔は複眼が尖り、顔の真ん中にある突起も尖っていて、花のシベのように見える。ハナカマキリに捕らえられるチョウやハチを撮影してみると、真正面からハナカマキリに近づいていく。あきらかにカマキリを花と誤認している。実際の花の近くでも、花よりもハナカマキリにチョウやハチが惹かれてしまうのである。1秒に何百コマも撮れる高速度カメラや何十コマも撮れるカメラで撮影してみると、カマキリがカマを振り出してから、獲物を捕らえるまでの時間は、およそ1/15秒ぐらいであることがわかる。ハナカマキリは虫が来そうな場所を見つけると、そこでずっと待つ習性がある。移動する時は、風に吹かれるように体を揺すりながらゆっくり歩く。

正面から見ると両眼の間に突起があることがわかる。

チョウがハナカマキリを花と誤認して、食べられてしまった（コマ間隔は1/30）。

Hymenopus coronatus（ハナカマキリ）

花の近くにとまって虫を待つ。虫には花より花らしく見えるのかもしれない。

Hymenopus coronatus（ハナカマキリ）

ハナカマキリの交尾

前を向いた時がチャンス

　ハナカマキリのオスはメスと比べてとても小さい。非常によく飛び、結婚適齢期のメスを探す。籠の中にオスとメスを入れると、オスが食べられてしまうことが多い。恐らくはメスが交尾をしたい時に、フェロモンを出してオスを呼ぶのだろう。メスを見つけたオスは、メスの後ろに着地する。メスはオスをちらっと見るが、ここでメスが向きを変えたら、そのメスはオスを餌としてしか認識していないことになる。そのままメスがまた前を向いたらチャンスである。メスの背中に飛び乗れればしめたものだ。

メスが振り向いた。さてどうなるか。

メスの翅の付け根をカマで小刻みにドラミングして、メスをなだめながら交尾にいたる。

Hymenopus coronatus（ハナカマキリ）

Parymenopus davisoni

ヒメハナカマキリ（マレーシア）【ハナカマキリ科】

ハナカマキリが女王ならこちらは女官

ハナカマキリによく似たカマキリで、ハナカマキリを女王にたとえれば、女官といったところだろうか。個体数は多くない。ハナカマキリ同様に、白い花にとまれば目立たないが、脚の花びらみたいに見える部分は小さく、それほど花に似ているわけではない。獲物の昆虫をおびき寄せられるかどうかは、ぼくは確かめていない。

怒ったところ。眼の間に突起はなく、あまり花には似ていない。

Theopropus elegans
ヒョウモンカマキリ（マレーシア、インドネシア）【ハナカマキリ科】

ぼくの好きなカマキリ

　とてもひょうきんなカマキリで、触るとすぐに怒って派手なオレンジ色の後翅を見せつける。ぼくが一番好きなカマキリの一つである。怒ると口も開けるので、なんだかヤッホーと叫んでいるようで可愛い。形が変わったカマキリの中では比較的普通に見られる種で、標高800mぐらいのところで出会うことがある。飼育も容易で、ペナンバタフライファームでも常時飼育している。もともと体長が35mmぐらいの小型のカマキリだが、オスは20mm以下ととても小さく、非常によく飛ぶ種類だ。

幼虫はまだら模様で、なかなか見つからない.。

緑の葉の上にいると、あまり目立たないカマキリだ。

Theopropus elegans（ヒョウモンカマキリ）　61

Creobroter urbanus

トガリメニシキカマキリ（マレーシア、インドネシア、インド）
【ハナカマキリ科】

デザインが都会的

　学名にアーバン（*urban*）とつく。都市という意味だろうか。別に都会にいるわけではなくれっきとしたジャングルの住人だ。デザインが大変近代的という意味だろう。体長は25mmぐらいだろうか、小さなカマキリであるが、怒って翅を広げると、素晴らしい姿に変身する。

怒っていなければ，ただの小さなカマキリだ。

Caliris elegans

シタベニアヤメカマキリ（マレーシア、インドネシア）
【アヤメカマキリ科】

下翅が美しい

　30mmぐらいの小型のカマキリ。普通の緑のカマキリだが、下翅はたいへん美しい。怒らせてなんぼのカマキリ。こんなことがあるからカマキリは怒らせると楽しいのだ。そして種名の同定にも後翅の模様は重要である。

ツマグロオオヨコバイの仲間を捕らえて食べている。

Deroplatys lobata

ヒシムネカレハカマキリ（マレーシア、インドネシア）【カマキリ科】

10分以上も怒り続ける

　熱帯アジアのカレハカマキリ類では最も普通に見られる種だ。夜行性で夜に林床を歩いているのを見ることがある。昼間は枯葉が混じるツル植物などにとまっていてほとんど動かない。枯葉にいろいろな色があるように、黄色っぽいものから茶色のもの、灰色っぽいものなど、色彩にも変異がある。脅かすと翅を広げて威嚇姿勢をとり、時には10分以上も怒り続けている。オスはメスよりずっと小さく、よく飛ぶ。

オスはとても小さく、よく飛ぶ。

Deroplatys lobata（ヒシムネカレハカマキリ） 65

Deroplatys truncata
マルムネカレハカマキリ（熱帯アジア）【カマキリ科】

まるで作り物のようだ

胸の張り出した突起が、二つに折れた枯葉のように見える。熱帯アジアに広く分布しているが、ヒシムネカレハカマキリよりずっと少ない。色彩はヒシムネカマキリ同様で、さまざまな枯葉色がある。まるで作り物のようで、心惹かれるカマキリである。

怒っている姿を背中側から見たところ。
腹部の縞模様が不気味だ。

Deroplatys truncata（マルムネカレハカマキリ） 67

木に巻きついたツル植物の枯れた部分にとまっている幼虫を発見。

68　*Deroplatys truncata*（マルムネカレハカマキリ）

カレハカマキリ類は卵鞘を守る習性がある。

上の2匹はヒシムネカレハカマキリ、下の2匹はマルムネカレハカマキリ（右下は終齢幼虫）。いろいろな体色があることと、前胸背板の形の違いがわかる。

卵鞘を守るマルムネカレハカマキリ。

Deroplatys truncata（マルムネカレハカマキリ）

Deroplatys desiccata

メダマカレハカマキリ（マレーシア、インドネシア）【カマキリ科】

ゼッケン9を誇らしげに見せる

　前翅の翅の裏にあるゼッケン9を誇らしげに見せて翅を開いて威嚇(いかく)する。この模様は目玉模様とも解釈できるのでメダマカレハカマキリとぼくは呼んだ。ムナビロカレハカマキリという名前も古くからの名だ。他のカレハカマキリ類と比べて、オスが大きい。

前翅の裏にあるゼッケン9。

Deroplatys desiccata(メダマカレハカマキリ) 71

Deroplatys trigonodera

イカガタカレハカマキリ（インドシナ、マレーシア）【カマキリ科】

スルメイカみたいな前胸背板

　ヒシムネカレハカマキリにとても近い種だと思うが、張り出した前胸背板の形がスルメイカみたいなので、イカガタカレハカマキリと名付けてしまった。ヒシムネカレハカマキリと比べると非常に数は少なく、野外で会うのは至難の業である。ぼくが学芸員を仰せつかっているペナンバタフライファームで、時々飼育しているのを見るぐらいである。熱帯雨林の標高が800mぐらいの場所が、イカガタカレハカマキリの故郷である。

ヒシムネカレハカマキリ同様に、色はさまざまな枯葉色。

Parablepharis kuhlii

マオウカレハカマキリ（インドシナ、マレーシア）【ハナカマキリ科】

ただ者ではない面構え

マレーシアやタイで知られるカレハカマキリに似た種だが、マレーシアではたいへん珍しく、45年間で1回しか見たことがない。「魔王」というだけあって、面構えは一級で、ただ者でないことを示している。なんだか悪魔の国からきたような顔つきで、胸のピンクの紋章が、司令官であることを物語っているようだ。1mぐらいあったら、さぞ怖いのではないかと思うと身震いする。もう一度会いたいカマキリの筆頭にあげてよいカマキリである。この写真はメスで、オスは小さく、写真を見ると、普通のカレハカマキリに近い感じのようだ。

Theopompa sp.

キノハダカマキリ〈キノカワカマキリ〉（マレーシア）【キノハダカマキリ科】

足が速いのが特徴

　キノハダカマキリはまるでゴキブリみたいに素早く走るカマキリだ。常に木の幹に生息していて、アリを主に食べる。そのためかとても素早く動く。木の皮に似た色彩のカマキリは中南米やアフリカ、オーストラリアにも違う仲間がいるが、いずれも足が速いのが特徴だ。おそらくはほとんどの種が主にアリを捕食するのだと思う。飼育すると、アリ以外も食べるが、あまり生育はよくなく、飼育しにくい種である。左頁の個体が2匹ともオス。右頁の木の幹にとまっているのがメスだ。オスはよく飛ぶ。メスは摑むと死んだふりをすることがある。

木の幹で発見したキノハダカマキリのメス。擬態が見事である。

Theopompa sp.（キノハダカマキリ〈キノカワカマキリ〉）

Ambivia popa
エダカマキリ（熱帯アジア）【カマキリ科】

カマを前に伸ばせば木の枝に同化

このカマキリは手のひらに載せれば、脚がちょっと短いなと思うぐらいの地味なカマキリ。オスもメスもよく飛んで灯りに飛んでくることがある。それをつかまえた時に、脚が短いので、ひょっとしたら木の枝に化けるのではと思って、手近にあった枝に放したら、かなりのスピードで枝を歩いて、お尻をぴたりと枝に付けて体を伸ばし、カマもまっすぐに前に伸ばして、どうだと言わんばかりにこちらを向いたのは、30年近くも前のよい想い出だ。あまりにかくれんぼが上手なので、出会うのはいつも灯りの下だ。比較的標高の低いところで見られるようで、マレーシアのペナン島でも見つけたことがある。

枝の先に行ってカマを前に伸ばせば木の枝に同化してしまう。

カメラを近づけると必ずこちらを向く。複眼にも縞模様があって、なかなか可愛らしいカマキリだ。

Ambivia popa（エダカマキリ）

Toxodera maculata

カレエダカマキリ(マレーシア、インドネシア)【カレエダカマキリ科】

折れた枯れ枝にそっくり

　枝にぶら下がって、まるで風に吹かれるかのようにぶらぶらと揺れている。頭もカマも小さいから、これでいったいどんな昆虫を捕食するのだろうか。おそらくはハエのように小さな昆虫を食べるのだと思う。餌がよくわからないので飼育も難しい。おまけに見つかるのはほとんどオスである。それは灯りに飛んできたのを発見したり、灯りの近くにとまっているものを見るぐらいしか、見つけることが難しいからである。それにしても、腹端が折れた枯れ枝のようになっているところまで枝にそっくりだ。カレエダカマキリの仲間では、最も普通に見られるが、それでも容易に見つかるものではない。

カレエダカマキリの腹部先端は枯れ枝が折れたような形をしている。

ぶら下がるようにとまるのが、この仲間の静止姿勢。脚が細いから、この姿勢が楽なのだろう。

Toxodera maculata（カレエダカマキリ）

Toxodera beieri

オオカレエダカマキリ（マレーシア）【カレエダカマキリ科】

世界最長のカマキリ

　華奢な体つきで、つかまえたら脚が取れてしまうのではと心配になるカマキリ。まるで苔の生えた枯れ枝のように見える。体の長さはおそらくカマキリの仲間で一番長い。体長はゆうに150mmを超える。大きい個体は200mm近くもある。生息環境は標高1000m付近の熱帯雨林。マレー半島とボルネオでの生息が知られている。

オオカレエダカマキリの幼虫のようだ。不気味な姿をしている。

木にぶら下がっているオオカレエダカマキリ。ぶら下がってとまることが多い。

Toxodera beieri（オオカレエダカマキリ）

Stenotoxodera porioni
ポリオニカレエダカマキリ（マレーシア）【カレエダカマキリ科】

胸の部分が細いカレエダカマキリ。比較的最近記載された種のようである。写真は20年以上前に撮ったもので、一度だけしか見たことがない。

Paratoxodera gigliotosi
ギグリオトシカレエダカマキリ（マレーシア）【カレエダカマキリ科】

*Paratoxodera*属のカマキリは前胸部分がほとんど湾曲しないのが特徴。たいへん珍しいカマキリで、20年以上前にペナンバタフライファームで飼っているのを撮影しただけだ。

Toxodera maxima
マキシマカレエダカマキリ（マレーシア）【カレエダカマキリ科】

カレエダカマキリの仲間は、個体数が非常に少ないこともあり、種名が整理されたのはつい最近で、Roger Roy氏が2009年に多くの種を記載した。

Metatoxodera subparallela
サブパラレラカレエダカマキリ（マレーシア）【カレエダカマキリ科】

1属1種のカレエダカマキリの仲間。他のカレエダカマキリより小型である。

Toxodera integrifolia
インテグリフォリアカレエダカマキリ（マレーシア、インドネシア）【カレエダカマキリ科】

羽のように優雅に揺れる

優雅なカマキリだ、軽やかに風に吹かれるように体を揺すっている。英語ではFeather mantisと呼ばれるのも道理である。2種ともたいへん少ない種で、45年間で各1回ずつしか出会っていない。

Toxodera fimbriata

フィムブリアタカレエダカマキリ（マレーシア、インドネシア）【カレエダカマキリ科】

Hestiasula phyllopus

ボクサーカマキリ（マレーシア、インドネシア）【ハナカマキリ科】

ボクシング選手のような動き

　ボクサーカマキリと呼ばれる Hestiasula 属のカマキリは何種類かいるが、マレーシア中部で見られるのはこの種だと思う。怒らせると、グローブを付けたように大きな突起のあるカマを交互に繰り出し、その様子はまさにボクシングの選手のようである。幼虫は隠れていると小さな枯葉みたいだが、怒らせるとジャブの応酬で、とても愉快に遊ぶことができる。オスはよく灯りに飛んでくるので、比較的見つけやすい仲間である。

幼虫もボクシングをするような動作をするが、隠れている時はまるで枯葉だ。

ボクサーカマキリのオス。オスはやや細身で、後翅の模様は薄いので、あまり迫力はない。

グローブをつけた手を大きく広げて、ジャブを出す。

葉の上に静止している。

触ったら翅を開いて威嚇した。

Hestiasula phyllopus（ボクサーカマキリ） 87

Ceratocrania macra

マレーイッカクカマキリ（マレーシア）【カマキリ科】

死んだふりをする名人

　首が長く頭に角のあるカマキリ。死んだふりをする名人で、不意に触ったらポトリと落ちて死んだふり。30分も動かなかったことがあり、びっくりした。よく似たグループに*Phyllothelys*属がいて、台湾以南の熱帯アジアに6種ほどが分布している。

枯葉みたいな幼虫。

死んだふりをする名手だ。

怒って翅を広げると後翅のさざ波模様が目立って、とても格好がいい。

Ceratocrania macra（マレーイッカクカマキリ）

Ceratomantis saussurii

ユニコーンマンティス(熱帯アジア) 【ハナカマキリ科】

一本角のとんがり頭

　20mmぐらいの小さなカマキリだが、とんがり頭のユニークな形をしている。葉の上でじっとしていると、鳥の糞みたいに見えるので、あまり目立たない。オスは灯りによく飛んでくる。

葉の上にとまっていても鳥の糞みたいで目立たない。

オスは細身でよく飛ぶ。

幼虫を横から見たところ。

ユニコーンマンティスの名前の由来は一本角のとんがり頭。

Ceratomantis saussurii（ユニコーンマンティス）

Hierodula sp.
オオハラビロカマキリの仲間（マレーシア）【カマキリ科】

大きくて花のような色彩

とても大きなハラビロカマキリで、体長は100mmをこす。黄色型と緑色型を見たことがある。胸のピンクが鮮やかで、なんだか花と思って昆虫がやってくるのではと想像してしまう。おそらく*Hierodula tenuis*という種である。あまりジャングルの奥深くに住むカマキリではない。日本で言えばオオカマキリがいるような環境に住んでいるのだと思う。

Hierodula sp.（オオハラビロカマキリの仲間）93

Rhombodera basalis

マレーマルムネカマキリ（マレーシア、インドネシア）【カマキリ科】

森に住む大型のカマキリ

ハラビロカマキリ属に近い仲間で、Rhombodera属（マルムネカマキリ属）に属する大型のカマキリ。この属はたくさんの種が記載されているが、同種のものも多いのではないかと思う。体長は100mmぐらいもあるりっぱなカマキリだ。ハラビロカマキリ属より、森林性であるように思う。

がっしりとした体つきのカマキリで、カマも丈夫で、頭も大きいので噛まれると痛い。

Metallyticus splendidus

ケンランカマキリ（熱帯アジア）【ケンランカマキリ科】

絢爛豪華な美しいカマキリ

絢爛豪華なカマキリである。オスはメタリックブルーであるが、メスは玉虫色でたいへん美しい。オスメスともに活発に飛翔するので、撮影時には注意が必要だ。以前はたいへん珍しいカマキリであったが、最近はよく捕獲されているようで、ネットオークションなどにも出品されているのを見かける。平たい体で敏捷に素早く歩き、すぐに葉の裏などに隠れてしまう。

オスはブルーメタリックでメスと比べれば地味である。

Euchomenella heteroptera

マレークビナガカマキリ（マレーシア、インドネシア）【カマキリ科】

メスは翅が短い

　とても首の長いカマキリ。大型で、メスは100mmを超える。メスは翅が短く、飛ぶことができない。海外では人気のあるカマキリだが、日本ではあまり飼育されていないようだ。
明るい林道の道ばたなどで見つかる。
オスはよく飛ぶ。

大きな目玉だけで、できたような顔。

非常に腹部の長いカマキリ。

Odontomantis planiceps
アリカマキリ（マレーシア、インドネシア）【ハナカマキリ科】

幼虫はアリにそっくり

アリにそっくりな1齢幼虫。

威嚇の姿勢をとる成虫。

Leptomantella sp.
レプトマンテラカマキリの仲間（インドシナ）【アヤメカマキリ科】

翅が半透明で非常に美しい小型種。

Hapalopeza sp.
ウスバネカマキリの仲間（マレーシア）【ウスバネカマキリ科】

ウスバネカマキリ科の非常によく飛ぶ、20mmぐらいの小型種。

Camelomantis sp.
カメロマンティスの仲間(マレーシア)【カマキリ科】

ハラビロカマキリに近い仲間のグループ。*Camelomantis parva*だろう。

Pachymantis bicingulata
ビシングラタパキマンティス(マレーシア、インドネシア)【ハナカマキリ科】

小型の可愛らしいカマキリ。

Creobroter sp.
メダマヒョウモンカマキリの仲間(ベトナム)【ハナカマキリ科】

*Creobroter*属のカマキリは種類が多く、種名までなかなか同定できないものが多い。

Anaxarcha sp.
アナサルチャヒメカマキリの仲間(インドシナ)【ハナカマキリ科】

大きさ30mm程度のカマキリは種類が多い。

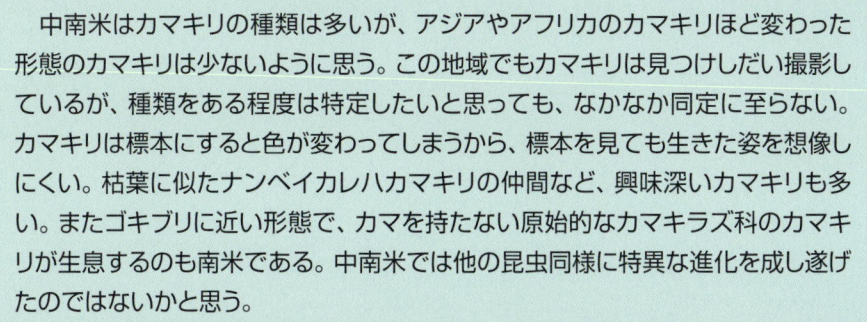

中南米はカマキリの種類は多いが、アジアやアフリカのカマキリほど変わった形態のカマキリは少ないように思う。この地域でもカマキリは見つけしだい撮影しているが、種類をある程度は特定したいと思っても、なかなか同定に至らない。カマキリは標本にすると色が変わってしまうから、標本を見ても生きた姿を想像しにくい。枯葉に似たナンベイカレハカマキリの仲間など、興味深いカマキリも多い。またゴキブリに近い形態で、カマを持たない原始的なカマキラズ科のカマキリが生息するのも南米である。中南米では他の昆虫同様に特異な進化を成し遂げたのではないかと思う。

中南米のカマキリ

Acanthops falcata

ファルカタナンベイカレハカマキリ（中南米）【ナンベイカレハカマキリ科】

いずれも枯葉に似ている

　Acanthops属のカマキリは中南米にたくさんの種類が分布している。いずれも枯葉によく似ている。Acanthops属のカマキリはオスは翅が長くよく飛ぶが、メスは太めで、成虫になってもあまり飛ばないように思う。メスも枝にとまっていると枯葉がぶら下がっているように見える。ジャングルの縁で比較的よく見つかるカマキリの仲間だ。

葉の上にとまっているところを撮影。

枯葉のつもった地面に降りると、探すのがなかなか大変だ。

メスは太っている。これは終齢幼虫だと思う。

Acanthops falcata（ファルカタナンベイカレハカマキリ）

Acanthops sp.
ナンベイカレハカマキリの仲間（南米）【ナンベイカレハカマキリ科】

メスはめったに見つけられない

　枯葉に擬態したカマキリには特に興味があるので、ナンベイカレハカマキリの仲間を見つけるととても嬉しい。よく飛ぶオスは、植物から飛び立ったりするので比較的見つけやすいが、メスは擬態がうますぎて、めったにお目にかかれない（写真はすべてオス）。

ナンベイカレハカマキリの仲間のオスの飛翔（撮影エクアドル）。

触ったら翅を開いて威嚇した（撮影ブラジル）。

枝にとまってこちらを見ている（撮影ブラジル）。

枯葉にとまると目立たない（撮影ブラジル）。

Metilia brunnerii
ナンベイキノハカマキリ（中南米）【ナンベイカレハカマキリ科】

よく飛ぶ小型のカマキリ

枯れかけた木の葉に似たカマキリ。何種類かが中南米に分布している。ジャングルに住み、翅が大きくよく飛ぶ小型のカマキリである。

落ち葉の上にいても枯葉みたいであまり目立たない。

Liturgusa sp.
ナンベイキノカワカマキリの仲間（コスタリカ）
【キノハダカマキリ科】

アジアのものより木の幹に似ていない

　中南米に住むキノカワカマキリ。木の幹に生息し、素早く動くのは、木の幹に住むカマキリの特徴だ。このカマキリは幼虫で、成虫になると翅も生える。アジアのキノハダカマキリ類よりは模様が木の幹に似ていない。成虫になっても幅の広いカマキリにはならず、細身のカマキリだ。*Liturgusa*属は種類が多く、今でも新種が見つかる。

木の幹に逆さにとまっている。近づくと、素早く位置を移動し、裏側に隠れてしまう。

Liturgusa sp.（ナンベイキノカワカマキリの仲間）

Choeradodis rhombicollis
ナンベイマルムネカマキリ（中南米）【カマキリ科】

葉にそっくりなメスの成虫。

触ったら翅を開いて威嚇をした。

前胸が大きく張り出した大型のカマキリ

前胸背板が大きく張り出した中米から南米北部に広く分布する大型のカマキリ。アジアではここまで前胸が大きくなるカマキリはカレハ型が主体であるが、南米には逆にカレハ系統のカマキリは、あまり前胸も発達せず、小型のものが多いのは面白い。

メスの終齢幼虫。前胸背板がとても大きい。

葉の上にとまっているオスの成虫。

Choeradodis rhombicollis（ナンベイマルムネカマキリ）

Angela perpulchra

ペルプルクラホソエダカマキリ（中米）【カマキリ科】

ホンジュラスで見つけた細いカマキリ

　ナンベイホソエダカマキリは20種ほどが記載されているが、実際そんなに種類があるのだろうかと疑問に思う。ホンジュラスで見つけたこのカマキリは、飛ぶと、後翅が白と黒で非常に美しく、びっくりした。ジャングルの林縁の植物の上に普通にとまっていて、よく目立った。こんなに細い体では、大型の昆虫は捕らえられないだろう。

メダマがまん丸でひょうきん者。

Angela peruviana

ペルーホソエダカマキリ（ペルー）【カマキリ科】

細い枝に似る

　ペルーで見つけたナンベイホソエダカマキリの仲間。おそらく*peruviana*であろう。こちらは、カマをまっすぐに伸ばして枝にとまっていた。ナナフシみたいで、なかなかかくれんぼ上手なカマキリだ。

Stagmatoptera supplicaria
ナンベイメダマカマキリ（南米）【カマキリ科】

前翅にある目玉模様が特徴

　ナンベイメダマカマキリ属（Stagmatoptera属）は中南米原産のカマキリで、中南米の熱帯雨林地域に10種以上が分布している。多くは前翅に目玉模様があり、怒ると翅を立てて、目玉模様を目立たせるが、その威嚇姿勢の写真撮影は、まだ成功していない。

アフリカは熱帯雨林とサバンナ、砂漠など多様な環境があり、そこに住むカマキリもさまざまな仲間がいる。アフリカ大陸だけに住む種類やグループが多いのも特徴だ。タンザニアに住むニセハナマオウカマキリは、最も会いたいカマキリの一つである。残念ながら出会ったことはなく、今回の本でこの一種だけ原産国での撮影ではなく、飼育された個体を日本で撮影した。アフリカは遠く、頻繁に撮影に行けないので、取り上げる種類もきわめて少ない。

オーストラリアもユーカリ林にオーストラリア独特のカマキリがいたりと面白い場所だ。東北部の熱帯雨林はニューギニアやインドネシア東部と共通する種類が多いようだ。

オーストラリア・アフリカのカマキリ

Neomantis australis
ゴウシュウコノハカマキリ（オーストラリア）【ウスバネカマキリ科】

薄い翅の小さなカマキリ

薄い翅を持った小さなカマキリ。オーストラリア区の特産種である。熱帯雨林の中にあるロッジの庭で見つけた。木の葉の裏にとまっていると、見つけるのは困難だ。

Orthodera sp.
ゴウシュウミドリカマキリの仲間（オーストラリア）【カマキリ科】

角張った形が面白い

　Orthodera属のカマキリはオーストラリアでGreen Mantisと呼ばれる一般的な種。形が角張っていて面白い。大きさは40mmほどと小さい。道ばたのブッシュなどで普通に見られる。

　いくつかの種があり、これは北部の熱帯地域に分布するOrthodera australianaだろう。

バッタをつかまえて食べている。

Paraoxypilus flavifemur

ゴウシュウキノカワカマキリ（オーストラリア）【ムカシキノカワカマキリ科】

山火事の黒い幹で見つけた

　オーストラリアではBark Mantisと呼ばれるので、ゴウシュウキノカワカマキリとしておこう。一般のキノハダカマキリが平たい体つきで、木の幹を素早く動くのに対し、このカマキリは体がゴツゴツしている。黒っぽいものから褐色、色の薄いものまでいる。山火事で焦げた黒い幹にいたのを見つけた時にはびっくりした。オスは翅があるが、メスにはない。動作も他の木の幹に住むカマキリよりゆっくりしている。

黒っぽい木にとまっていると姿は消える。

Paraoxypilus flavifemur（ゴウシュウキノカワカマキリ）

Popa spurca
アフリカエダカマキリ（アフリカ）【カマキリ科】

マダガスカルで見つけた幼虫

アフリカエダカマキリ。マダガスカルで撮影のものだが、幼虫なので翅はない。体を折り曲げる変わった姿でとまっていた。

Phyllocrania paradoxa
ゴーストマンティス（アフリカ）【ハナカマキリ科】

ゆらゆらと幽霊のようだ

　ゴーストマンティス、つまり幽霊カマキリと呼ばれる。体をゆらゆら揺すっている姿はまさに幽霊。この写真の個体は幼虫で、成虫になると翅ができる。マダガスカルからアフリカに広く分布する。ボウレイカマキリという和名も用いられる。

幼虫は、まるで小さなぼろぼろの枯葉が揺れているように見える。

Chlidonoptera vexillum

ヴェシルムメダマヒョウモンカマキリ（中央アフリカ）【ハナカマキリ科】

怒らせると目玉模様を見せる

　アジアにも分布する *Creobroter* 属に近い体長30mmほどの小さなカマキリ。怒らせると翅を立てて目玉模様を見せる。アジアのものよりも怒りやすい。夜行性のようで、灯りに飛んでくることもあった。

触るとすぐに翅を開いて怒った。

Chlidonoptera vexillum（ヴェシルムメダマヒョウモンカマキリ） 119

Alalomantis muta

ムタアラロマンティス（中央アフリカ）【カマキリ科】

カマの内側におしゃれな模様

　ハラビロカマキリの仲間によく似たカマキリ。ハラビロカマキリ属はアジアのカマキリで、アフリカにはハラビロカマキリ属に似た仲間のアラロマンティスやミオマンティスなどの仲間が多い。怒らせると、カマの内側のおしゃれな模様が見える。

Prohierodula picta

カブキカマキリ（中央アフリカ）【カマキリ科】

触ってびっくり

　普段はとても地味な茶色のカマキリ。このカマキリは触ってびっくり、カマを構えると歌舞伎役者の隈取りみたいな模様が現れる。学名の *picta* とは彩色されたという意味だと思う。ニシキカマキリという和名も良いかもしれないとも思う。カメルーンなど中央アフリカの熱帯雨林の特産種。

とまっている姿は地味で、至って普通のカマキリだから、怒った姿にびっくりしてしまった。

Prohierodula laticollis

アフリカマルムネカマキリ(中央アフリカ)【カマキリ科】

後翅の模様がアフリカらしい

　胸が丸いカマキリはアフリカにも何種類もいる。アジアのマルムネカマキリ同様にハラビロカマキリに近い仲間だろう。怒らせた時に見える後翅の模様がアフリカらしい。中央アフリカを中心に10種以上の種類があるようで、どこででも出会うことができる、中央アフリカの代表的なマルムネカマキリの仲間だと思う。

道ばたで見つけたカマキリに触ったら威嚇した。

122　*Prohierodula laticollis*（アフリカマルムネカマキリ）

Plistospilota camaerunensis

カメルーンアフリカクビナガカマキリ（中央アフリカ）【カマキリ科】

胸が長くて細い

　胸が長くて細いカマキリ。後翅の模様はアフリカ大陸のカマキリであることをあらわしているように思う。*Plistospilota*属はアフリカ中央部に多くの種が分布している。カメルーンだけで3種は見た。これは一番大型の種で、*Plistospilota camerunensis*だろう。

メインの写真の種に近い仲間の別種。大型の種だが、落ち着かず、威嚇を撮影するのが難しかった。

Plistospilota camerunensis（カメルーンアフリカクビナガカマキリ）

124　*Polyspilota aeruginosa*（アエルギノサアフリカカマキリ）

Polyspilota aeruginosa
アエルギノサアフリカカマキリ（中央アフリカ）【カマキリ科】

やや開けたところで人間を見ていた

　カメルーンのある村で出会ったもの。収穫した作物を分けていた女性を背後から見ている様子が面白かった。

　林に囲まれた場所の村など、やや開けた場所で見られるのは日本のオオカマキリと同様である。茶色っぽい色彩もアフリカの色だなあと思った。

Sibylla sp.
ミコカマキリの仲間（中央アフリカ）【ミコカマキリ科】

名前は魔女という意味か

　前翅がカールしたカマキリで、アフリカ特産のグループ。顔の突起が可愛らしい。英語ではSybyllid Mantisと呼ばれる。Sibyllaは女予言者（巫女）とか魔女という意味がある。この種は *S. gratiosa* であろう。

枝にぶら下がっていることが多いようだ。

Omomantis sigma

ゼブラカマキリ（中央アフリカ）【カマキリ科】

いかにもアフリカ的な縞模様

いかにもアフリカといった縞模様。スレンダーなカマキリだが、なかなか格好がいい。背中の黄色の紋は目玉模様のようにも見える。

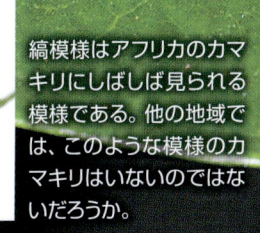

縞模様はアフリカのカマキリにしばしば見られる模様である。他の地域では、このような模様のカマキリはいないのではないだろうか。

Idolomantis diabolica

ニセハナマオウカマキリ（ケニア、タンザニア）【ヨウカイカマキリ科】

会いたいと思って何十年

　ニセハナマオウカマキリに会いたいと思ってから何年になるだろうか。イラストや写真でしか見たことのないこのカマキリには、ついに野外では会えなかった。今回の本のためにお借りして、日本で撮影した唯一の外国産カマキリだ。100mm以上ある大きさに圧倒された。体のはばがひろいので、ずいぶん大きく感じる。そして、その威嚇姿勢。こんなカマキリが世界にいるなんてなんと素敵なことなのかと感激した。

ニセハナマオウカマキリの紫外線

　オスは触覚がまるでガのオスの触角のように見える。メスと出会うには、この触覚で、メスのフェロモンを感知して飛んでくるのだろう。ニセハナマオウカマキリの胸の腹側の写真を撮ってみて驚いた。真っ白い部分が紫外線をかなり吸収していることがわかった。色をずらして合成したカラー写真では、紫外色がよく現れていると思う。この色で、ハチなどをおびき寄せることができるのではないだろうか。

前胸の張り出した部分、腹側の白い部分が紫外線を吸収しているのでハチやチョウには白でなく、色が付いて見える。

メスの触角（写真円中）とちがって、オスの触角はガのような櫛状（写真上）になっている。

Idolomantis diabolica（ニセハナマオウカマキリ）

Anasigerpes bifasciata

アフリカイッカクヒメカマキリ（中央アフリカ）【ハナカマキリ科】

半透明な翅と角が特徴

　ハナカマキリ科の30mmぐらいの小さなカマキリ。翅が半透明で、頭に角があり可愛らしい。道ばたの藪に潜んでいた。威嚇させようとしたが、すぐに逃げてしまう臆病なカマキリだった。

翅の表面は光沢があり、角度によっては白っぽく見える。

Index －学名索引

A
Acanthops falcata ················ 100
ファルカタナンベイカレハカマキリ 【ナンベイカレハカマキリ科】
Acanthops sp. ···················· 102
ナンベイカレハカマキリの仲間 【ナンベイカレハカマキリ科】
Acromantis japonica ············· 48
ヒメカマキリ 【ハナカマキリ科】
Alalomantis muta ················ 120
ムタアラロマンティス 【カマキリ科】
Amantis nawai ··················· 50
ヒナカマキリ 【カマキリ科】
Ambivia popa ···················· 76
エダカマキリ 【カマキリ科】
Anasigerpes bifasciata ··········· 130
アフリカイッカクヒメカマキリ 【ハナカマキリ科】
Anaxarcha sp. ···················· 98
アナサルチャヒメカマキリの仲間 【ハナカマキリ科】
Angela perpulchra ················ 108
ペルプルクラホソエダカマキリ 【カマキリ科】
Angela peruviana ················ 109
ペルーホソエダカマキリ 【カマキリ科】

C
Caliris elegans ··················· 63
シタベニアヤメカマキリ 【アヤメカマキリ科】
Camelomantis sp. ················ 98
カメロマンティスの仲間 【カマキリ科】
Ceratocrania macra ·············· 88
マレーイッカクカマキリ 【カマキリ科】
Ceratomantis saussurii ··········· 90
ユニコーンマンティス 【ハナカマキリ科】
Chlidonoptera vexillum ·········· 118
ヴェシルムメダマヒョウモンカマキリ 【ハナカマキリ科】
Choeradodis rhombicollis ········ 106
ナンベイマルムネカマキリ 【カマキリ科】
Creobroter sp. ···················· 98
メダマヒョウモンカマキリの仲間 【ハナカマキリ科】
Creobroter urbanus ·············· 62
トガリメニシキカマキリ 【ハナカマキリ科】

D
Deroplatys desiccata ············· 70
メダマカレハカマキリ 【カマキリ科】
Deroplatys lobata ················ 64
ヒシムネカレハカマキリ 【カマキリ科】
Deroplatys trigonodera ··········· 72
イカガタカレハカマキリ 【カマキリ科】
Deroplatys truncata ·············· 66
マルムネカレハカマキリ 【カマキリ科】

E
Euchomenella heteroptera ······ 96
マレークビナガカマキリ 【カマキリ科】

H
Hapalopeza sp. ··················· 97
ウスバネカマキリの仲間 【ウスバネカマキリ科】
Hestiasula phyllopus ············· 86
ボクサーカマキリ 【ハナカマキリ科】
Hierodula patellifera ············· 44
ハラビロカマキリ 【カマキリ科】
Hierodula sp. ····················· 92
オオハラビロカマキリの仲間 【カマキリ科】
Hymenopus coronatus ··········· 52
ハナカマキリ 【ハナカマキリ科】

I
Idolomantis diabolica ············ 128
ニセハナマオウカマキリ 【ヨウカイカマキリ科】

L
Leptomantella sp. ················ 97
レプトマンテラカマキリの仲間 【アヤメカマキリ科】
Liturgusa sp. ····················· 104
ナンベイキノカワカマキリの仲間 【キノハダカマキリ科】

M
Mantis religiosa ················· 38
ウスバカマキリ 【カマキリ科】
Metallyticus splendidus ·········· 95
ケンランカマキリ 【ケンランカマキリ科】
Metatoxodera subparallela ······ 83
サブパラレラカレエダカマキリ 【カレエダカマキリ科】
Metilia brunnerii ················· 103
ナンベイキノハカマキリ 【ナンベイカレハカマキリ科】

N
Neomantis australis ·············· 112
ゴウシュウコノハカマキリ 【ウスバネカマキリ科】

O
Odontomantis planiceps ········· 97
アリカマキリ 【ハナカマキリ科】
Omomantis sigma ··············· 127
ゼブラカマキリ 【カマキリ科】
Orthodera sp. ···················· 113
ゴウシュウミドリカマキリの仲間 【カマキリ科】

P
Pachymantis bicingulata ········· 98
ビシングラタパキマンティス 【ハナカマキリ科】
Parablepharis kuhlii ·············· 73
マオウカレハカマキリ 【ハナカマキリ科】
Paraoxypilus flavifemur ········· 114
ゴウシュウキノカワカマキリ 【ムシキノカワカマキリ科】
Paratoxodera gigliotosi ·········· 82
ギグリオトシカレエダカマキリ 【カレエダカマキリ科】
Parymenopus davisoni ··········· 59
ヒメハナカマキリ 【ハナカマキリ科】
Phyllocrania paradoxa ··········· 117
ゴーストマンティス 【ハナカマキリ科】
Plistospilota camaerunensis ····· 123
カメルーンアフリカクビナガカマキリ 【カマキリ科】
Polyspilota aeruginosa ··········· 124
アエルギノサアフリカカマキリ 【カマキリ科】
Popa spurca ····················· 116
アフリカエダカマキリ 【カマキリ科】
Prohierodula laticollis ············ 122
アフリカマルムネカマキリ 【カマキリ科】
Prohierodula picta ··············· 121
カブキカマキリ 【カマキリ科】

R
Rhombodera basalis ············· 94
マレーマルムネカマキリ 【カマキリ科】

S
Sibylla sp. ······················· 126
ミコカマキリの仲間 【ミコカマキリ科】
Stagmatoptera supplicaria ······ 110
ナンベイメダマカマキリ 【カマキリ科】
Statilia maculata ················ 40
コカマキリ 【カマキリ科】
Stenotoxodera porioni ··········· 82
ポリオニカレエダカマキリ 【カレエダカマキリ科】

T
Tenodera angustipennis ········· 36
チョウセンカマキリ
Tenodera sinensis ··············· 20
オオカマキリ 【カマキリ科】
Theopompa sp. ·················· 74
キノハダカマキリ〈キノカワカマキリ〉【キノハダカマキリ科】
Theopropus elegans ············· 60
ヒョウモンカマキリ 【ハナカマキリ科】
Toxodera beieri ·················· 80
オオカレエダカマキリ 【カレエダカマキリ科】
Toxodera fimbriata ·············· 85
フィムブリアタカレエダカマキリ 【カレエダカマキリ科】
Toxodera integrifolia ············ 84
インテグリフォリアカレエダカマキリ 【カレエダカマキリ科】
Toxodera maculata ·············· 78
カレエダカマキリ 【カレエダカマキリ科】
Toxodera maxima ··············· 83
マキシマカレエダカマキリ 【カレエダカマキリ科】

131

おわりに

カマキリの本を作りはじめて、学名を入れたいと思ったが、種名までは判別できなかったものも多い。属名までは何とかしたいと思ったが、そこにも至らずに、掲載を見合わせた種も多々ある。できるだけ和名を付けたいとも思った。その方がぼくには親しみが湧く。日本では本書ではじめて紹介される種も多いので、学名はわかる範囲で付けたが、誤りもあるかもしれない。和名は便宜的に新しく付けたものも多い。

本書の製作に当たって、山崎和久氏にはたいへんお世話になった。ニセハナマオウカマキリを撮影させていただくとともに、学名などで多くのご意見をいただいた。マレーシアの黄徳勝氏、ぼくもキュレーターを務めるマレーシアの昆虫飼育施設、ペナンバタフライファームのスタッフの皆さんにもたいへんお世話になった。奥山英治氏、高嶋清明氏にもご協力をいただいた。編集の木谷東男氏には出版の機会を与えていただいた。デザイナーの西山克之氏には美しい本に仕上げていただいた。以上の皆様に、この場を借りてお礼申し上げる。

著者略歴

海野和男（うんのかずお）

1947年東京生まれ。昆虫を中心とする自然写真家。東京農工大学の日高敏隆研究室で昆虫行動学を学ぶ。アジアやアフリカで昆虫の擬態写真を長年撮影。著書『昆虫の擬態』は1994年、日本写真協会年度賞受賞。主な著書に『蝶の飛ぶ風景』『大昆虫記』『昆虫顔面図鑑』、また草思社より『増補新版　世界で最も美しい蝶は何か』『蝶が来る庭　バタフライガーデンのすすめ』『ダマして生きのびる虫の擬態』『ファーブル昆虫記　誰も知らなかった楽しみ方』（伊地知英信と共著）など。日本自然科学写真協会会長、日本動物行動学会会員など。海野和男写真事務所主宰。公式ウェブサイトに「小諸日記」がある。http://www.goo.ne.jp/green/life/unno/

p.55の写真の中には7匹のハナカマキリが隠れている。

世界のカマキリ観察図鑑

2015年6月26日　第1刷発行
2023年9月18日　第5刷発行

著　者　海野和男（写真と文）
装幀者　西山克之
発行者　碇　高明
発行所　株式会社　草思社
　　　　http://www.soshisha.com/
　　　　〒160-0022　東京都新宿区新宿1-10-1 文芸社ビル7階
　　　　電話　営業 03（4580）7676　編集 03（4580）7680
　　　　振替　00170-9-23552
印刷所　中央精版印刷株式会社
製本所　加藤製本株式会社

2015©Kazuo Unno
ISBN978-4-7942-2137-7　Printed in Japan　検印省略

造本には十分注意しておりますが、万一、乱丁、落丁、印刷不良などがございましたら、ご面倒ですが、小社営業部宛にお送りください。送料小社負担にてお取替えさせていただきます。

●本文デザインDTP　西山克之（ニシ工芸）